똑똑한 시리즈
10일 완성
프로그램

손의 힘이 두뇌로 이어지는

똑똑한
숫자 쓰기

0부터 50까지

|1권|

북링크

숫자 쓰기

구, 아홉

점점 작게 써 보세요.

19

1단계 **손가락으로 숫자 쓰기**
점선을 따라 손가락으로 숫자를 써 보세요.

2단계 **숫자 읽기**
한자식 읽기와 우리말 읽기, 두 가지 방법으로 숫자를 읽습니다.

3단계 **그림 세기**
다섯 개 혹은 열 개 단위로 그림을 인지할 수 있도록 구성해 놓았습니다.

4단계 **순서대로 쓰기**
한번 배우면 평생 가는 숫자 쓰기, 처음부터 정확히 쓰는 법을 익히도록 순서대로 쓰기에 신경썼습니다.

5단계 **선 따라 쓰기**
순서를 생각하며, 실선을 따라서 또박또박 써 봅니다.

6단계 **스스로 쓰기**
십자 표시에 맞춰 스스로 숫자 쓰는 훈련을 해 봅니다.

7단계 **점점 작게 쓰기**
크게 쓸 수 있다면 작게도 쓸 수 있습니다. 점점 작아지는 칸에 맞춰 숫자를 써 봅니다.

복습하기

1단계 **순서대로 숫자 쓰기**

앞에서 낱개로 배운 숫자로 순서에 맞게 차례로 써 보는 훈련을 합니다.

복습

1. 순서에 맞도록 빈칸에 알맞은 숫자를 쓰세요.

| 6 | | 8 | 9 | |

2단계 **그림 세어 숫자 쓰기**

그림을 세어 보고, 그림에 맞는 숫자를 찾아보는 훈련을 합니다.

2. 그림에 맞는 숫자를 선으로 연결하세요.

7

3단계 **퍼즐로 익히기**

엄마 오리 찾기, 말에게 당근 주기 등의 퍼즐로 숫자를 재미있게 익힐 수 있습니다.

3. 책과 학용품을 가방에 정리해요. 0부터 20까지 숫자를 순서대로 이어 학용품을 정리해 보세요.

시작 0 3 5
1 4 6
2 8
10

학습 | 일

오늘은 0부터 5까지를 쓰며 숫자와 친해집니다.

동물 친구를 세어 보고 '일', '하나' 처럼 숫자를

두 가지로 읽을 수 있다는 것을 배웁니다.

화살표를 따라 순서에 맞게 쓰는 연습에 집중하세요.

학습한 날 | 년   월   일

아이 사인

엄마 사인

영, 아무것도 없어요

점점 작게 써 보세요.

일, 하나

점점 작게 써 보세요.

이, 둘

점점 작게 써 보세요.

3

삼, 셋

점점 작게 써 보세요.

9

사, 넷

점점 작게 써 보세요.

오, 다섯

점점 작게 써 보세요.

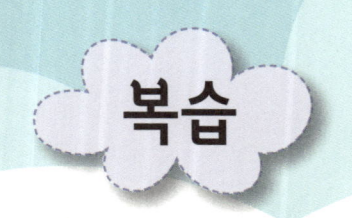

1. 순서에 맞도록 빈칸에 알맞은 숫자를 쓰세요.

| 0 | | 2 | 3 | | 5 |

2. 그림을 보고, 빈칸에 알맞은 숫자를 쓰세요.

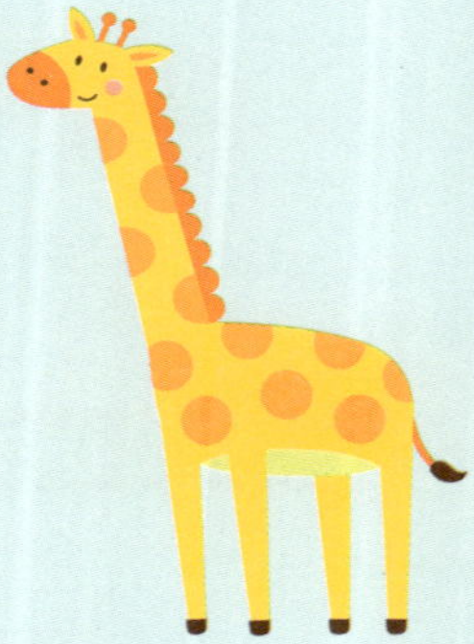

일, 하나

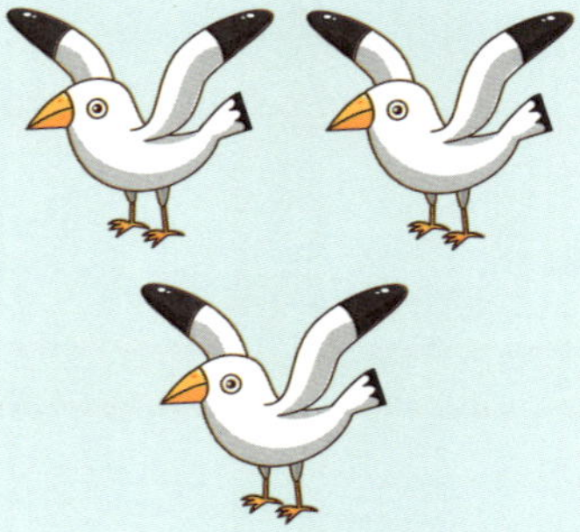

삼, 셋

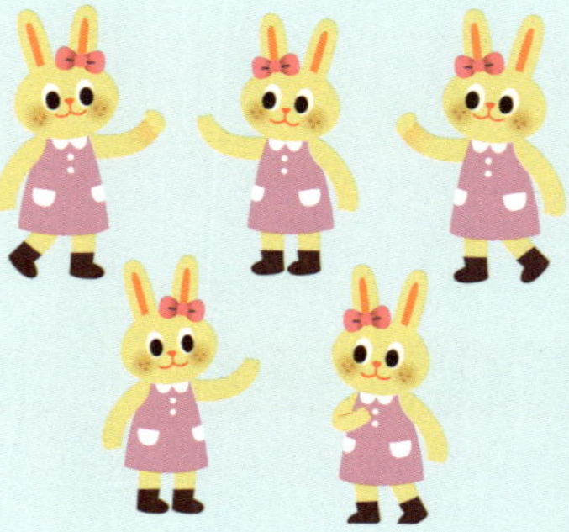

오, 다섯

3. 그림에 맞는 숫자를 선으로 연결하세요.

 •   •

 •   •

 •   •

아무것도 없어요. •   •

 •   • 2

4. 아기 오리가 엄마 오리를 찾아가요. 0부터 5까지 숫자를 순서대로
이어 길을 만들어 주세요.

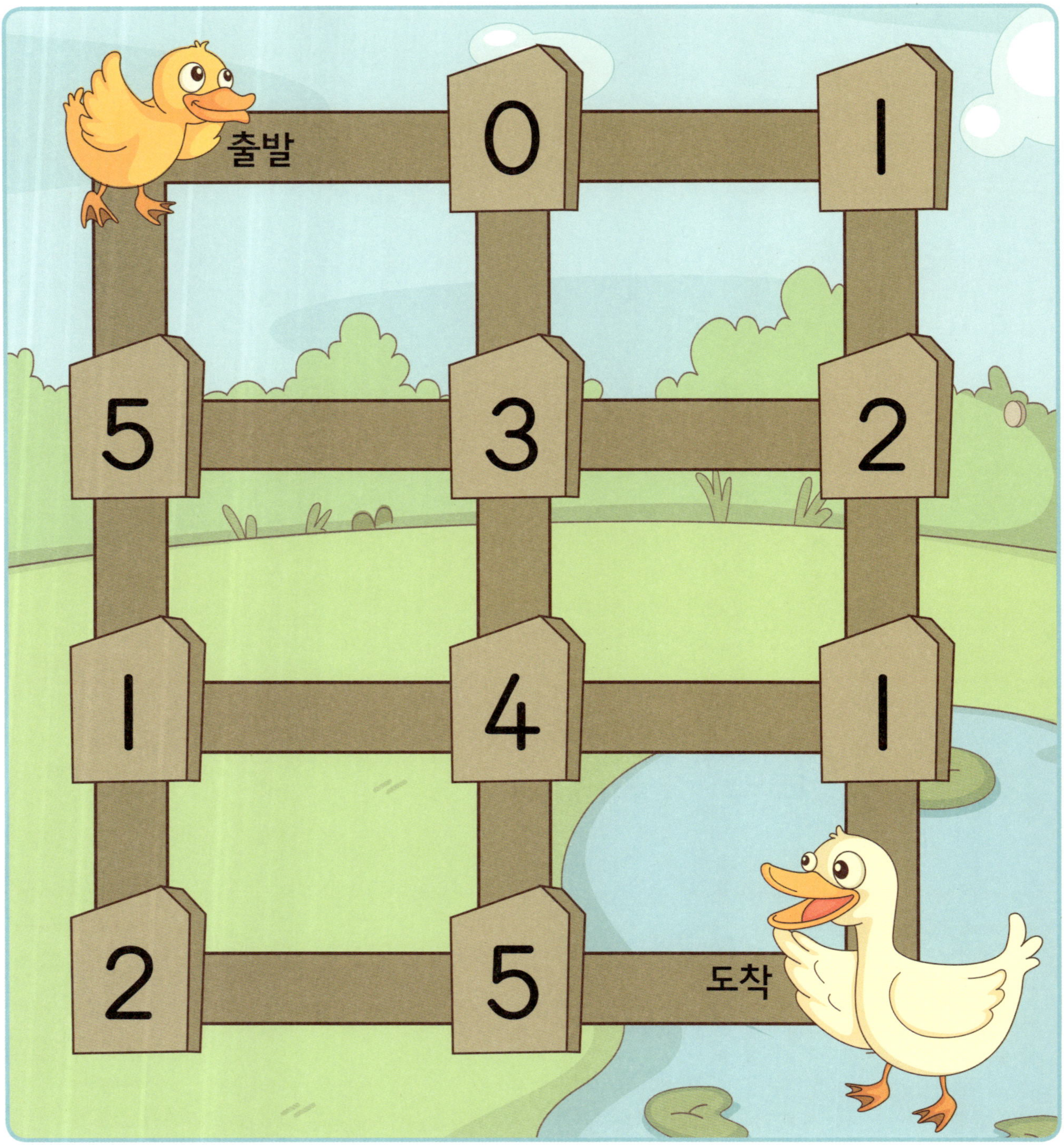

출발

0

1

5

3

2

1

4

1

2

5

도착

학습 2일

오늘은 6부터 10까지의 숫자를 쓰게 됩니다.

5를 기준으로 수의 많고 적음을 가늠할 수 있는 능력을 키워 주세요.

예를 들어, 6은 5보다 1이 많고, 4는 5보다 1이 적다고 알려주면 됩니다.

이 방식으로 학습하면, 수의 확장을 쉽게 이해할 수 있습니다.

학습한 날 | 년 월 일

아이 사인

엄마 사인

6

육, 여섯

점점 작게 써 보세요.

칠, 일곱

점점 작게 써 보세요.

팔, 여덟

점점 작게 써 보세요.

구, 아홉

9 9 9 9

9 9 9 9

점점 작게 써 보세요.

십, 열

점점 작게 써 보세요.

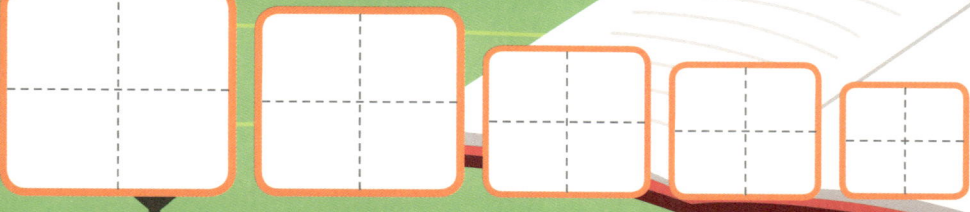

복습

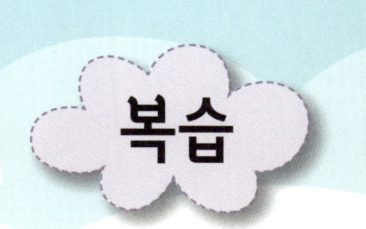

1. 순서에 맞도록 빈칸에 알맞은 숫자를 쓰세요.

6		8	9	

2. 그림에 맞는 숫자를 선으로 연결하세요.

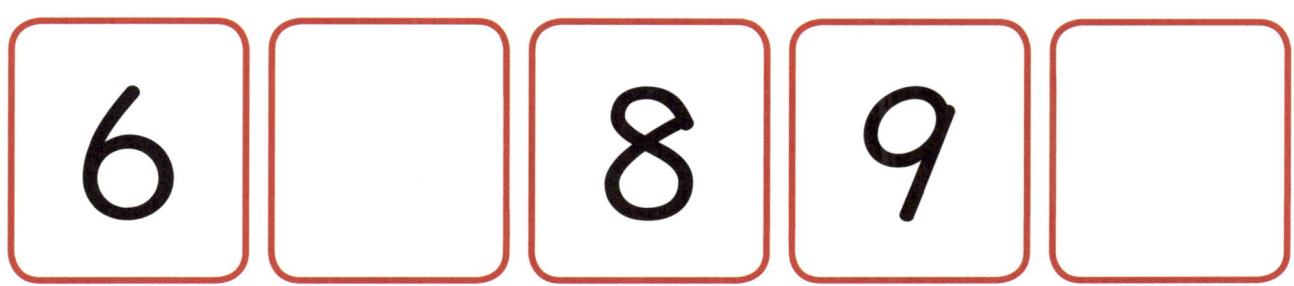

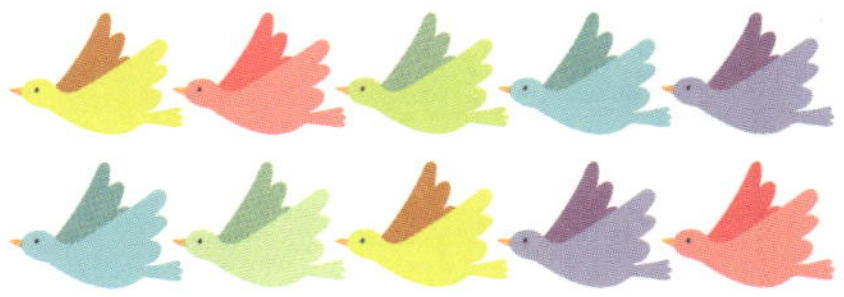

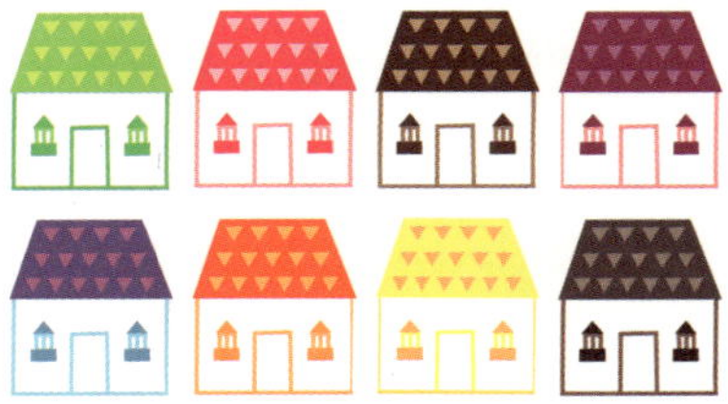

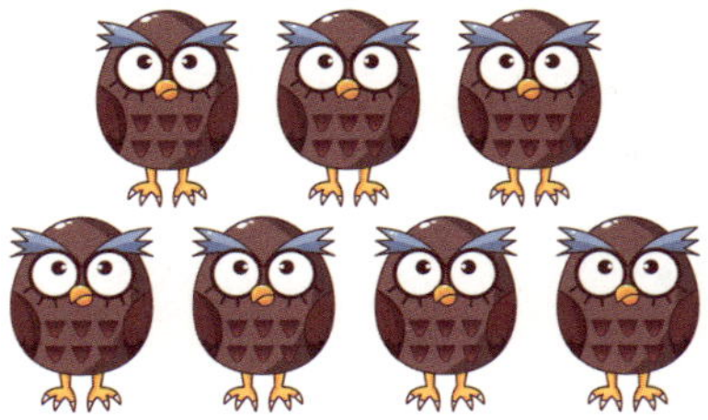

7

8

10

3. 엄마 오리가 아기 오리를 찾아가요. 10부터 0까지 숫자를 거꾸로
이어 길을 만들어 주세요.

학습 3일 🐟

오늘부터 십 단위 숫자를 공부합니다.

십 단위부터는 열 개를 한 묶음으로 인지하도록 하면 좋습니다.

열 개 한 묶음에 그림이 하나씩 늘어날수록 양적으로

커지는 것을 알게 해 주세요.

학습한 날 | 년   월   일

아이 사인

엄마 사인

십일, 열하나

점점 작게 써 보세요.

십이, 열둘

12 12 12 12 12 12 12 12

점점 작게 써 보세요.

13

십삼, 열셋

점점 작게 써 보세요.

14

십사, 열넷

점점 작게 써 보세요.

십오, 열다섯

점점 작게 써 보세요.

28

복습

1. 순서에 맞도록 빈칸에 알맞은 숫자를 쓰세요.

	12		14	

2. 그림에 맞는 숫자를 선으로 연결하세요.

- 11
- 12
- 13

3. 말이 좋아하는 당근 먹이를 줘요. 0부터 15까지 숫자를 순서대로
이어서 먹이를 주세요.

출발

0	1	3	6	5
4	2	3	4	3
7	1	2	5	4
9	8	7	6	5
10	7	6	5	4
11	12	13	11	12
9	11	14	15	도착

학습 4일

오늘은 16부터 20까지 읽고 써 봅니다.

아직 한 칸에 두 자리 숫자를 쓰는 게 쉽지 않겠지만,

이 책을 순서대로 천천히 따라가 보세요.

화살표 따라 쓰기, 선 따라 쓰기, 점점 작게 쓰기를 통해

또박또박 쓸 수 있게 될 것입니다.

학습한 날	년	월	일

아이 사인

엄마 사인

16

십육, 열여섯

16 16 16 16

16 16 16 16

점점 작게 써 보세요.

십칠, 열일곱

점점 작게 써 보세요.

십팔, 열여덟

점점 작게 써 보세요.

십구, 열아홉

점점 작게 써 보세요.

20

이십, 스물

20 20 20 20

20 20 20 20

점점 작게 써 보세요.

복습

1. 순서에 맞도록 빈칸에 알맞은 숫자를 쓰세요.

16		18		20

2. 그림에 맞는 숫자를 선으로 연결하세요.

17

20

19

3. 책과 학용품을 가방에 정리해요. 0부터 20까지 숫자를 순서대로
이어 학용품을 정리해 보세요.

시작 0

3

5

1

2

4

6

10

7

9

8

11

17

12

13

16

15

14

18

19

20 정리 끝

38

학습 5일

21부터 25까지의 숫자를 공부합니다.

숫자가 커질수록 열 개 묶음으로 그림을 인지하도록 해보세요.

열 개씩 두 묶음이면 20이 되고, 하나씩 그림이 늘어나면서

21, 22, 23이 된다는 방식으로요.

| 학습한 날 | 년 | 월 | 일 |

아이 사인

엄마 사인

21

이십일, 스물하나

21 21   21 21   21 21   21 21

21   21   21   21

점점 작게 써 보세요.

이십이, 스물둘

22 22 22 22

22 22 22 22

점점 작게 써 보세요.

23

이십삼, 스물셋

23 23 23 23

23 23 23 23

점점 작게 써 보세요.

24

이십사, 스물넷

1 2 3 4 5 6 7 8 9 10
11 12 13 14 15 16 17 18 19 20
21 22 23 24

24 24 24 24

24 24 24 24

점점 작게 써 보세요.

25

이십오, 스물다섯

점점 작게 써 보세요.

44

 **복습**

1. 순서에 맞도록 빈칸에 알맞은 숫자를 쓰세요.

		23		25

2. 그림에 맞는 숫자를 선으로 연결하세요.

21

23

24

45

3. 친구를 만나 축구를 해요. 더 큰 수를 따라가 친구를 만나세요.

학습 6일

26이라고 쓰고 이십육, 스물여섯이라고 두 가지로 읽습니다.
열, 스물, 서른, 마흔, 쉰처럼 십씩 커질 때마다 읽는 방법이 달라집니다.
숫자를 쓰는 것만큼이나 제대로 읽는 것도 중요합니다.
읽기도 충분히 훈련해 보세요.

학습한 날 | 년   월   일

아이 사인

엄마 사인

1	2	3	4	5	6	7	8	9	10
11	12	13	14	15	16	17	18	19	20
21	22	23	24	25	26

이십육, 스물여섯

26 26 26 26

26 26 26 26

점점 작게 써 보세요.

27

①②

축구공: ① ② ③ ④ ⑤ ⑥ ⑦ ⑧ ⑨ ⑩
⑪ ⑫ ⑬ ⑭ ⑮ ⑯ ⑰ ⑱ ⑲ ⑳
㉑ ㉒ ㉓ ㉔ ㉕ ㉖ ㉗

이십칠, 스물일곱

점점 작게 써 보세요.

28

1	2	3	4	5	6	7	8	9	10
11	12	13	14	15	16	17	18	19	20
21	22	23	24	25	26	27	28		

이십팔, 스물여덟

28 28 28 28

28 28 28 28

점점 작게 써 보세요.

29

이십구, 스물아홉

🍓1 🍓2 🍓3 🍓4 🍓5 🍓6 🍓7 🍓8 🍓9 🍓10
🍓11 🍓12 🍓13 🍓14 🍓15 🍓16 🍓17 🍓18 🍓19 🍓20
🍓21 🍓22 🍓23 🍓24 🍓25 🍓26 🍓27 🍓28 🍓29

29   29   29   29

29   29   29   29

점점 작게 써 보세요.

30

삼십, 서른

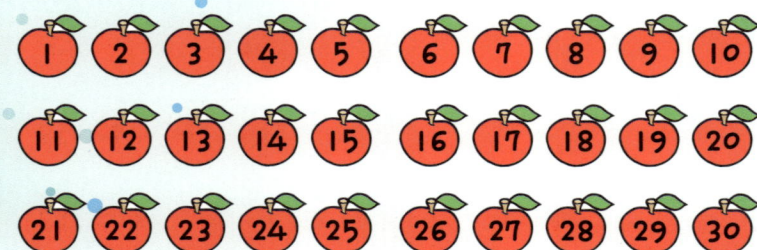

30 30 30 30

30 30 30 30

점점 작게 써 보세요.

복습

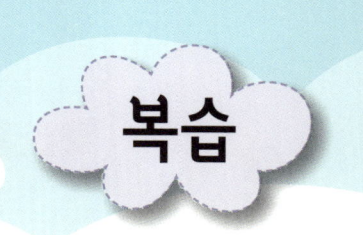

1. 순서에 맞도록 빈칸에 알맞은 숫자를 쓰세요.

	27		29	

2. 그림에 맞는 숫자를 선으로 연결하세요.

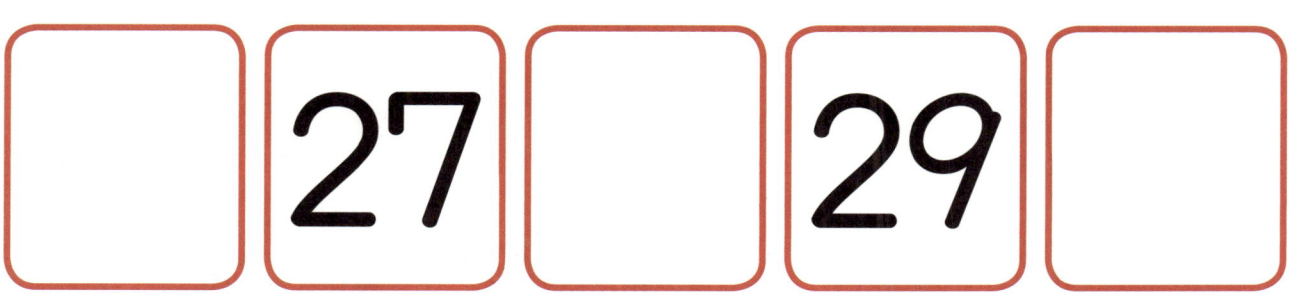

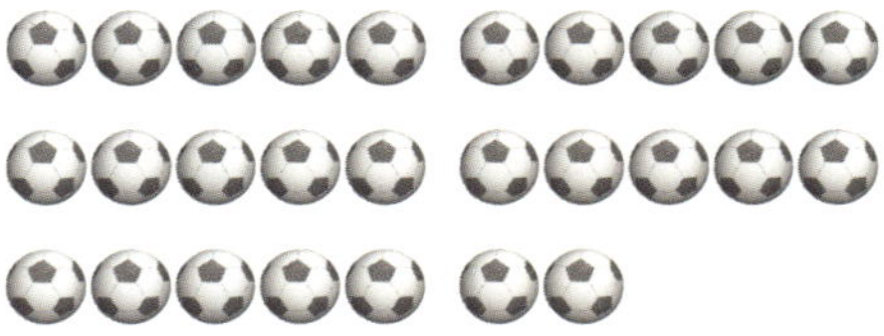

26

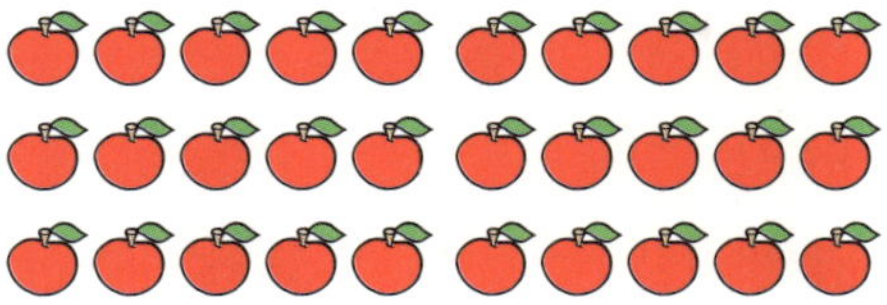

27

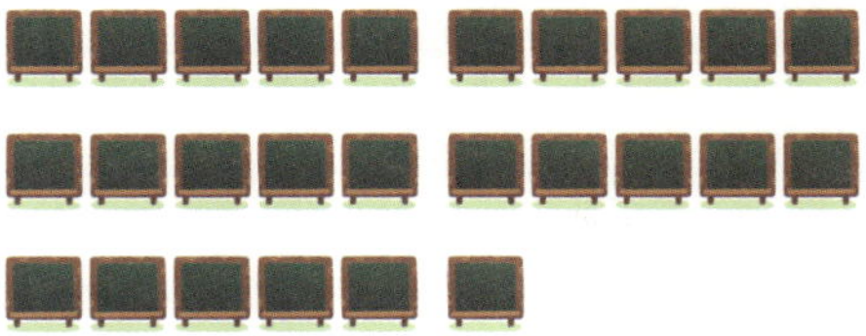

30

3. 0부터 30까지 숫자를 순서대로 이어 악기를 만들어 보세요.

학습 7일

0부터 시작한 숫자 쓰기가 어느새 30단위까지 왔습니다.

이제 세어야 할 그림의 개수도 많이 늘었죠.

그림을 보고 열 개씩 세 묶음이면 30이라는 것을 알도록 유도해 주세요.

묶음 단위에 하나씩 늘어나는 수를 세는 방법을 익숙하게 해 주세요.

학습한 날 | 년 월 일

아이 사인

엄마 사인

31

삼십일, 서른하나

점점 작게 써 보세요.

삼십이, 서른둘

32 32 32 32

32 32 32 32

점점 작게 써 보세요.

33

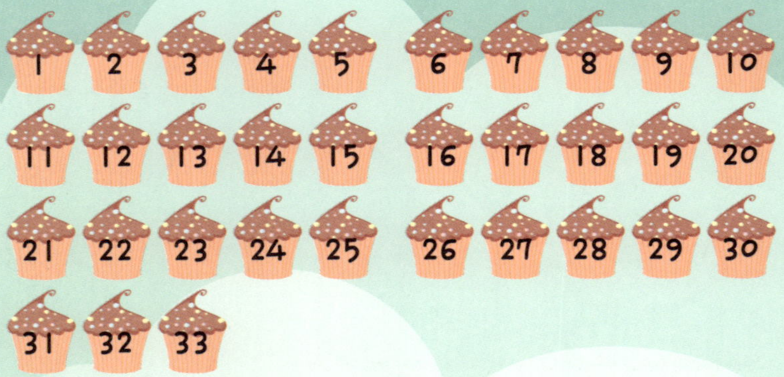

삼십삼, 서른셋

33 33 33 33

33 33 33 33

점점 작게 써 보세요.

58

34

삼십사, 서른넷

1	2	3	4	5	6	7	8	9	10
11	12	13	14	15	16	17	18	19	20
21	22	23	24	25	26	27	28	29	30
31	32	33	34						

34 34 34 34

34 34 34 34

점점 작게 써 보세요.

삼십오, 서른다섯

점점 작게 써 보세요.

복습

1. 순서에 맞도록 빈칸에 알맞은 숫자를 쓰세요.

		33		35

2. 그림에 맞는 숫자를 선으로 연결하세요.

31

33

34

3. 동물 친구들이 만나서 함께 연주할 수 있게, 25부터 35까지 숫자를 순서대로 이어 주세요.

출발	25	16	13	15
7	26	17	24	33
8	27	28	11	4
9	18	29	30	21
10	7	19	31	22
31	22	33	32	13
29	13	34	35	도착

학습 8일

오늘은 36에서 40까지 숫자를 공부합니다.

아이들이 쓰기 어려워하는 3, 7, 8, 9 같은 숫자가 연속으로 나오죠.

정해진 칸에 맞게 쓰는 것도 쉬운 일이 아닙니다.

아이가 끝까지 쓸 수 있도록 칭찬과 격려로 이끌어 주세요.

학습한 날   년   월   일

아이 사인   엄마 사인

36

1 2 3 4 5 6 7 8 9 10
11 12 13 14 15 16 17 18 19 20
21 22 23 24 25 26 27 28 29 30
31 32 33 34 35 36

삼십육, 서른여섯

36 36 36 36

36 36 36 36

점점 작게 써 보세요.

37

삼십칠, 서른일곱

37 37 37 37

37 37 37 37

점점 작게 써 보세요.

38

삼십팔, 서른여덟

38 38 38 38

38 38 38 38

점점 작게 써 보세요.

39

1	2	3	4	5	6	7	8	9	10
11	12	13	14	15	16	17	18	19	20
21	22	23	24	25	26	27	28	29	30
31	32	33	34	35	36	37	38	39	

삼십구, 서른아홉

39 39 39 39

39 39 39 39

점점 작게 써 보세요.

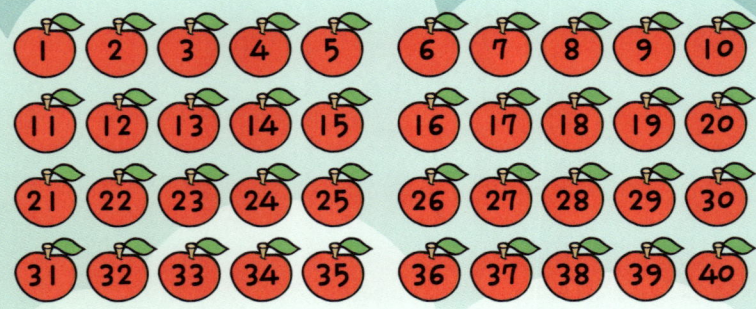

사십, 마흔

40 40 40 40

40 40 40 40

점점 작게 써 보세요.

복습

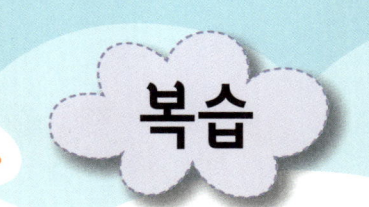

1. 순서에 맞도록 빈칸에 알맞은 숫자를 쓰세요.

		38	39	

2. 그림에 맞는 숫자를 선으로 연결하세요.

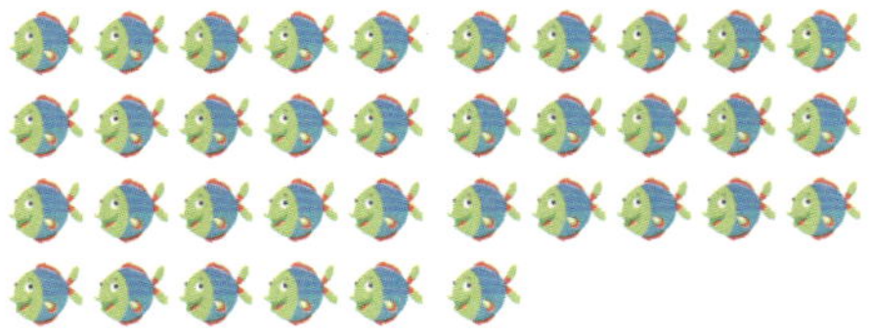 • • 36

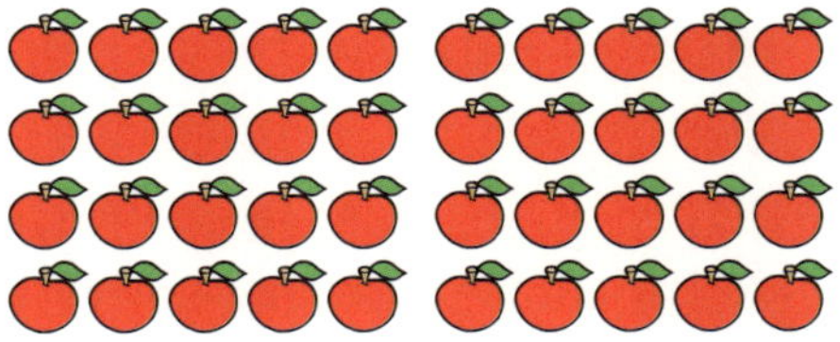 • • 38

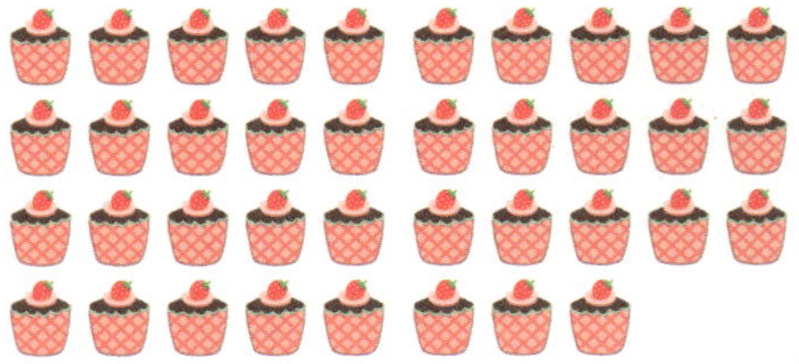 • • 40

3. 0부터 40까지 숫자를 순서대로 이어 동물을 완성해 보세요.

36 37 39
34 35 40 0 1
38 2
33 3
6 5 4

32 31 30 7

29
28
27
26 22 19 18 14 10
25 23 20 17 16 13 12 9 8
24 21 15 11

학습 9일

오늘은 40단위를 시작하게 됩니다.

그림만 봐도 양적으로 수가 커진 것을 알 수 있죠.

이 때 그림을 일일이 세어보지 않아도

10개씩 묶음이 4개이면 40인걸 알도록 해주세요.

묶음 단위에 하나씩 늘어나는 수를 세는 방법을 익숙하게 해 주세요.

학습한 날 | 년 월 일

아이 사인

엄마 사인

1	2	3	4	5	6	7	8	9	10
11	12	13	14	15	16	17	18	19	20
21	22	23	24	25	26	27	28	29	30
31	32	33	34	35	36	37	38	39	40
41									

사십일, 마흔하나

41 41 41 41

41 41 41 41

점점 작게 써 보세요.

42

사십이, 마흔둘

1	2	3	4	5	6	7	8	9	10
11	12	13	14	15	16	17	18	19	20
21	22	23	24	25	26	27	28	29	30
31	32	33	34	35	36	37	38	39	40
41	42								

42 42 42 42

42 42 42 42

점점 작게 써 보세요.

43

사십삼, 마흔셋

43 43 43 43

43 43 43 43

점점 작게 써 보세요.

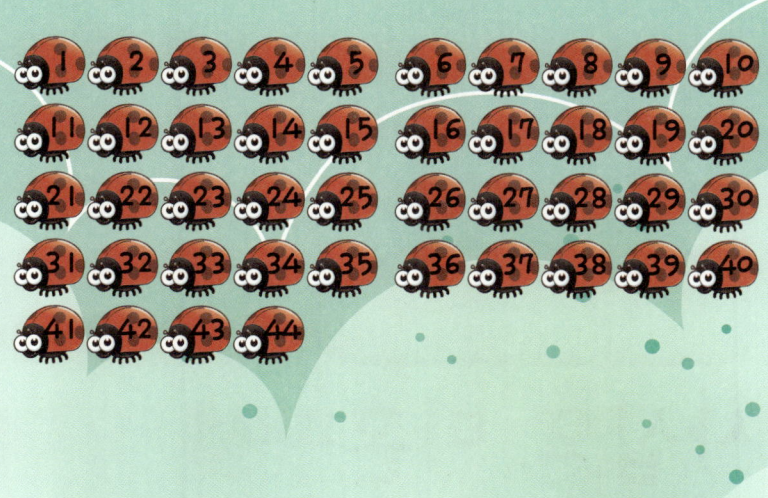

사십사, 마흔넷

점점 작게 써 보세요.

45

사십오, 마흔다섯

45 45 45 45

45 45 45 45

점점 작게 써 보세요.

1. 순서에 맞도록 빈칸에 알맞은 숫자를 쓰세요.

41	42			45

2. 그림에 맞는 숫자를 선으로 연결하세요.

41

43

45

3. 물감으로 그림을 그려요. 더 작은 수를 따라가 그림을 그리세요.

학습 10일

드디어 마지막 학습입니다.

학습은 인내라고 합니다. 이 책을 끝까지 해낸 아이에게

칭찬과 격려를 아끼지 말아주세요.

오늘의 학습이 끝나면, 책 맨 뒤에 있는 '상장'을 주는 자리를 마련해 주세요.

| 학습한 날 | 년 | 월 | 일 |

아이 사인

엄마 사인

46

사십육, 마흔여섯

46 46 46 46

46 46 46 46

점점 작게 써 보세요.

47

사십칠, 마흔일곱

점점 작게 써 보세요.

사십팔, 마흔여덟

48 48 48 48

48 48 48 48

점점 작게 써 보세요.

49

1	2	3	4	5	6	7	8	9	10
11	12	13	14	15	16	17	18	19	20
21	22	23	24	25	26	27	28	29	30
31	32	33	34	35	36	37	38	39	40
41	42	43	44	45	46	47	48	49	

사십구, 마흔아홉

49 49 49 49

49 49 49 49

점점 작게 써 보세요.

83

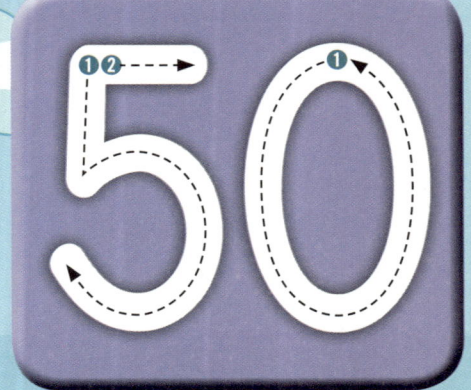

50

오십, 쉰

50 50 50 50

50 50 50 50

점점 작게 써 보세요.

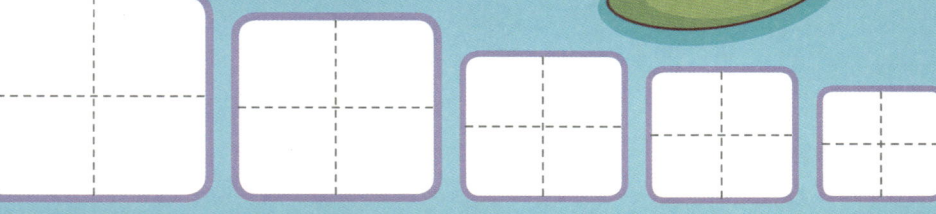

복습

1. 순서에 맞도록 빈칸에 알맞은 숫자를 쓰세요.

		48	49	

2. 그림에 맞는 숫자를 선으로 연결하세요.

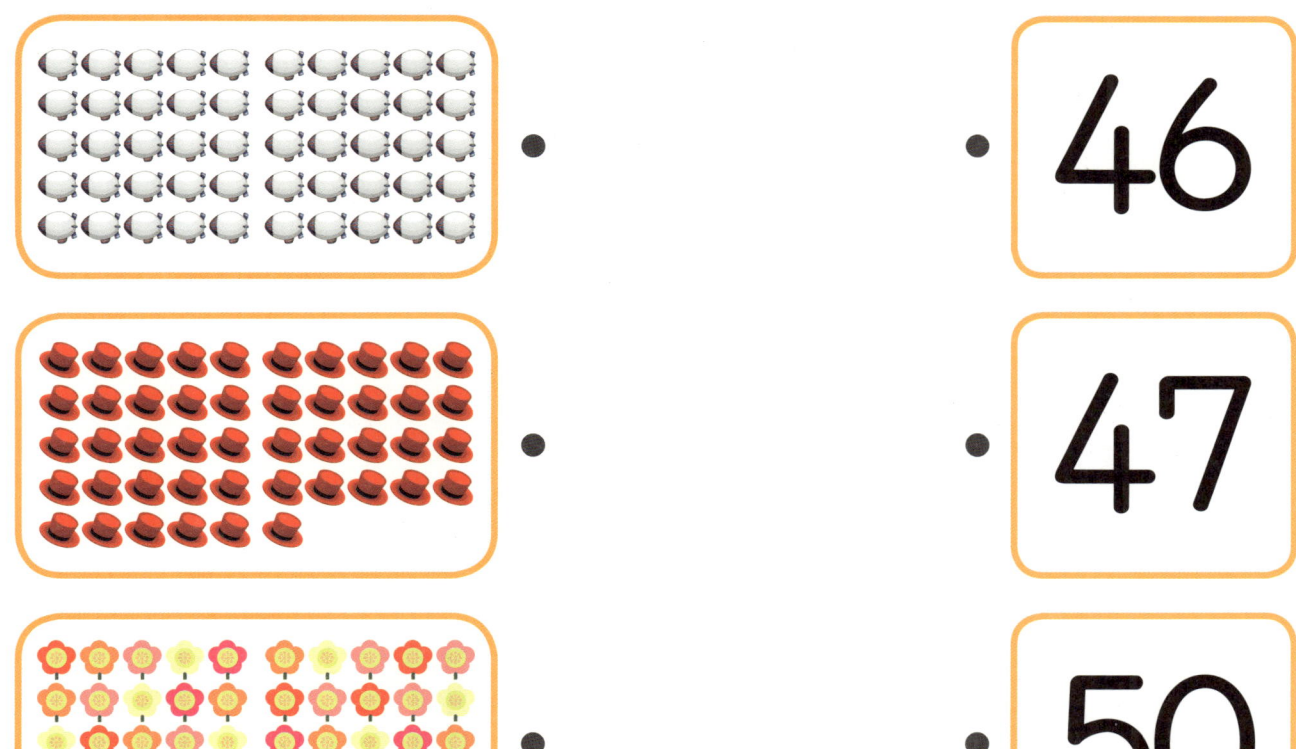

46

47

50

3. 0부터 50까지 숫자를 순서대로 이어 보세요.

출발

0	1	2	3
14	13	12	11	4
15	16	17	10	5
22	21	18	9	6
23	20	19	8	7
24	22	33	31	32
25	28	29	30	33
26	27	36	35	34
39	38	37	48	49
40	43	44	47	50
41	42	45	46

도착

0부터 50까지 숫자 쓰기

0 영									
하나	둘	셋	넷	다섯	여섯	일곱	여덟	아홉	열
열하나	열둘	열셋	열넷	열다섯	열여섯	열일곱	열여덟	열아홉	스물
스물하나	스물둘	스물셋	스물넷	스물다섯	스물여섯	스물일곱	스물여덟	스물아홉	서른
서른하나	서른둘	서른셋	서른넷	서른다섯	서른여섯	서른일곱	서른여덟	서른아홉	마흔
마흔하나	마흔둘	마흔셋	마흔넷	마흔다섯	마흔여섯	마흔일곱	마흔여덟	마흔아홉	쉰

상 장

_____은(는)

《똑똑한 숫자 쓰기 1권 – 0부터 50까지》를

끝까지 해냈습니다.

이제 0부터 50까지 숫자를 읽고

쓸 수 있게 되어 이 상장을 줍니다.

_____년 _____월 _____일

_____드림